◎ 锐扬图书 编

工匠情怀之家装细部设计

玄关走廊 隔断

海峡出版发行集团
THE STRAITS PUBLISHING & DISTRIBUTING GROUP

福建科学技术出版社
FUJIAN SCIENCE & TECHNOLOGY PUBLISHING HOUSE

图书在版编目（CIP）数据

工匠情怀之家装细部设计 . 玄关走廊、隔断 / 锐扬
图书编 . —福州 : 福建科学技术出版社，2015.3
ISBN 978-7-5335-4750-9

Ⅰ . ①工… Ⅱ . ①锐… Ⅲ . ①住宅 – 门厅 – 室内装修 –
细部设计 – 图集②住宅 – 隔墙 – 室内装修 – 细部设计 –
图集 Ⅳ . ① TU767-64

中国版本图书馆 CIP 数据核字 (2015) 第 043268 号

书　　名　工匠情怀之家装细部设计　玄关走廊　隔断
编　　者　锐扬图书
出版发行　海峡出版发行集团
　　　　　福建科学技术出版社
社　　址　福州市东水路 76 号（邮编 350001）
网　　址　www.fjstp.com
经　　销　福建新华发行（集团）有限责任公司
印　　刷　福建彩色印刷有限公司
开　　本　889 毫米 × 1194 毫米　1/16
印　　张　8
图　　文　128 码
版　　次　2015 年 3 月第 1 版
印　　次　2015 年 3 月第 1 次印刷
书　　号　ISBN 978-7-5335-4750-9
定　　价　39.80 元
　　　书中如有印装质量问题，可直接向本社调换

Contents
目录

玄关走廊

Contents
目录

玄关走廊

XUAN GUAN ZOU LANG

❶ 镜面马赛克

❷ 条纹壁纸

❸ 黑白根大理石

❹ 仿古砖

❺ 印花壁纸

❻ 黑白根大理石踢脚线

1 车边银镜

2 雕花清玻璃

3 深啡网纹大理石波打线

4 有色乳胶漆

5 木纹大理石

6 印花壁纸

7 仿古砖

1 深啡网纹大理石波打线

2 木质花格

3 肌理壁纸

4 马赛克

5 黑镜装饰条

6 米色玻化砖

❶ 白枫木饰面板
❷ 仿古砖
❸ 肌理壁纸
❹ 印花壁纸
❺ 木质花格
❻ 米黄色网纹玻化砖

按照设计图纸，玄关墙面用水泥砂浆找平后，弹线放样，确定层板位置，装贴饰面板后，刷油漆；满刮三遍腻子，用砂纸打磨光滑，刷一层基膜，用环保白乳胶配合专业壁纸粉将壁纸固定在墙面上；最后安装石膏顶角线。

❶ 木质搁板

❷ 红砖

❸ 肌理壁纸

❹ 有色乳胶漆

❺ 仿古砖

02

玄关墙面用水泥砂浆找平，满刮三遍腻子，用砂纸打磨光滑，刷底漆一遍、面漆两遍；地面找平后用湿贴的方式将仿古砖粘贴在地面上，最后用圆钉及胶水将木质踢脚线固定。

1 肌理壁纸

2 黑胡桃木饰面垭口

3 釉面墙砖

4 黑色烤漆玻璃

5 木质花格

6 白枫木百叶

❶ 有色乳胶漆

❷ 车边银镜

❸ 印花壁纸

❹ 米色玻化砖

❺ 白枫木窗棂造型

❻ 木质花格

❶ 白枫木饰面板

❷ 白枫木百叶

❸ 马赛克

❹ 深啡网纹大理石波打线

❺ 印花壁纸

❻ 米色网纹玻化砖

① 黑镜装饰线

② 白枫木饰面板拓缝

③ 米色玻化砖

④ 胡桃木窗棂造型贴茶镜

⑤ 印花壁纸

⑥ 木质花格

❶ 白枫木格栅吊顶

❷ 白枫木格栅贴黑镜

❸ 金刚板

❹ 印花壁纸

❺ 白枫木饰面板

❻ 金刚板

❼ 肌理壁纸

03

　　玄关背景墙面用水泥砂浆找平,在墙面上安装钢结构,用ＡＢ胶将大理石收边条固定在支架上,用大理石粘贴剂将马赛克固定在墙面上,剩余墙面用木工板打底,用环氧树脂胶粘贴车边银镜。

❶ 马赛克拼花
❷ 车边银镜
❸ 印花壁纸
❹ 米黄色玻化砖
❺ 红松木装饰假梁
❻ 印花壁纸

04

　　玄关背景墙用水泥砂浆找平后,满刮三遍腻子,用砂纸打磨光滑,刷一层基膜,用环保白乳胶配合专业壁纸粉将壁纸固定在墙面上;地面采用湿贴的方式将玻化砖直接粘贴在找平后的地面上。

❶ 车边茶镜

❷ 白枫木窗棂造型贴银镜

❸ 印花壁纸

❹ 米色网纹亚光玻化砖

❺ 直纹斑马木饰面板

❻ 雕花银镜

① 胡桃木装饰线

② 印花壁纸

③ 有色乳胶漆

④ 木质花格

⑤ 金刚板

⑥ 米黄网纹大理石波打线

❶ 彩绘玻璃

❷ 马赛克拼花

❸ 印花壁纸

❹ 茶镜装饰条

❺ 雕花烤漆玻璃

❻ 有色乳胶漆

❶ 印花壁纸

❷ 黑镜装饰条

❸ 布艺软包

❹ 红松木装饰假梁

❺ 条纹壁纸

❻ 木质踢脚线

① 深啡网纹大理石垭口

② 木质花格

③ 肌理壁纸

④ 金刚板

⑤ 白松木装饰条

⑥ 泰柚木饰面垭口

⑦ 木质花格贴茶镜

05

　　玄关左侧墙面找平后，满刮三遍腻子，用砂纸打磨光滑，刷一层基膜，用环保白乳胶配合专业壁纸粉将壁纸粘贴在墙面上；中景墙面弹线放样后，用木工板打底，用环氧树脂胶将装饰镜面粘贴固定，最后安装定制好的精品柜。

❶ 印花壁纸

❷ 茶色镜面玻璃

❸ 松木装饰假梁

❹ 黑色烤漆玻璃

❺ 马赛克

❻ 木质花格

06

　　走廊右侧墙面用水泥砂浆找平后，满刮三遍腻子，用砂浆打磨光滑，刷一层基膜，用环保白乳胶配合专业壁纸粉将壁纸固定在墙面上；地面找平后，用湿贴的方式将亚光玻化砖直接铺装在地面上。

❶ 装饰银镜

❷ 米色玻化砖

❸ 金刚板

❹ 白枫木百叶

❺ 印花壁纸

❻ 装饰银镜

❶ 泰柚木饰面板

❷ 印花壁纸

❸ 布艺软包

❹ 黑镜装饰条

❺ 有色乳胶漆

❻ 雕花茶镜

❶ 有色乳胶漆

❷ 成品铁艺隔断

❸ 印花壁纸

❹ 黑胡桃木装饰立柱

❺ 车边灰镜

❻ 木质踢脚线

1 印花壁纸

2 白枫木饰面板

3 米黄色亚光玻化砖

4 红松木装饰假梁

5 车边茶镜吊顶

6 金刚板

① 印花壁纸

② 木质搁板

③ 金刚板

④ 白色乳胶漆

⑤ 黑色烤漆玻璃

⑥ 灰白洞石

07

玄关墙面按照设计图中造型,弹线放样,找平后,用木工板打底,用环氧树脂胶粘贴雕花银镜,然后安装定制好的精品柜;剩余墙面满刮三遍腻子,用砂纸打磨光滑,刷一层基膜,用环保白乳胶配合专业壁纸粉将壁纸固定在墙面上,最后安装木质踢脚线。

❶ 条纹壁纸

❷ 白枫木百叶

❸ 印花壁纸

❹ 红樱桃木饰面板

❺ 装饰灰镜

❻ 马赛克

08

按照设计图中造型,墙面用水泥砂浆找平后,走廊中景墙面用ＡＢ胶粘贴马赛克,然后用大理石粘贴剂将大理石收边条固定;剩余墙面满刮三遍腻子,用砂纸打磨光滑,刷一层基膜,用环保白乳胶配合专业壁纸粉将壁纸固定在墙面上,最后安装木质踢脚线。

❶ 马赛克

❷ 白色乳胶漆

❸ 热熔玻璃

❹ 仿古砖

❺ 泰柚木饰面板

❻ 白色人造石踢脚线

① 白枫木装饰立柱

② 仿洞石玻化砖

③ 米黄色亚光玻化砖

④ 红樱桃木饰面板

⑤ 茶镜装饰条

⑥ 车边银镜吊顶

❶ 马赛克

❷ 红砖

❸ 条纹壁纸

❹ 有色乳胶漆

❺ 白色乳胶漆

❻ 白色玻化砖

1 黑镜装饰条

2 条纹壁纸

3 印花壁纸

4 有色乳胶漆

5 车边银镜

6 金刚板

❶ 印花壁纸

❷ 黑白根大理石波打线

❸ 镜面马赛克

❹ 手绘墙

❺ 肌理壁纸

09

走廊右侧墙面用水泥砂浆找平后，满刮三遍腻子，用砂纸打磨光滑，刷一层基膜，用环保白乳胶配合专业壁纸粉粘贴壁纸，最后用蚊钉及胶水将成品木质装饰线固定在墙面上；地面找平后，采用湿贴的方式将仿古砖直接粘贴在地面上，最后用气钉将实木踢脚线固定。

❶ 木质浮雕描金
❷ 白枫木装饰线
❸ 黑镜装饰条
❹ 金刚板
❺ 肌理壁纸
❻ 木质踢脚线

10

走廊左侧墙面用水泥砂浆找平，满刮三遍腻子，用砂纸打磨光滑，刷一层基膜，用环保白乳胶及专业壁纸粉将壁纸固定在墙面上；地面找平后铺装仿古砖，最后安装实木踢脚线。

① 白枫木饰面板拓缝

② 印花壁纸

③ 红樱桃木饰面板

④ 印花壁纸

⑤ 肌理壁纸

⑥ 白枫木格栅吊顶

1 装饰银镜

2 镜面马赛克

3 中花白大理石哑口

4 木质花格

5 金刚板

6 白枫木装饰线密排

7 白色玻化砖

❶ 木质花格
❷ 黑胡桃木顶角线
❸ 茶色烤漆玻璃
❹ 白色玻化砖
❺ 直纹斑马木饰面板
❻ 木质踢脚线
❼ 仿古砖

① 水曲柳饰面板
② 米色玻化砖
③ 印花壁纸
④ 泰柚木饰面板
⑤ 红樱桃木饰面板
⑥ 白枫木饰面板

❶ 钢化玻璃隔板

❷ 白枫木百叶

❸ 茶色烤漆玻璃

❹ 木质花格

❺ 石膏浮雕

❻ 釉面墙砖

11

走廊墙面用水泥砂浆找平,满刮三遍腻子,用砂纸打磨光滑,刷底漆面漆,中景墙用丙烯颜料将图案手绘到墙面上;地面找平后采用湿贴的方式铺装玻化砖,最后用气钉将木质踢脚线固定。

❶ 手绘墙
❷ 直纹斑马木饰面板
❸ 白松木格栅吊顶
❹ 金刚板
❺ 印花壁纸
❻ 米色玻化砖

12

整个走廊墙面用水泥砂浆找平,满刮三遍腻子,用砂纸打磨光滑,刷一层基膜,用环保白乳胶配合专业壁纸粉将壁纸固定在墙面上;地面采用湿贴的方式铺装玻化砖与大理石波打线,最后安装踢脚线。

❶ 胡桃木饰面板垭口
❷ 胡桃木窗棂造型
❸ 茶色烤漆玻璃
❹ 金刚板
❺ 印花壁纸
❻ 艺术地砖拼花

① 白枫木饰面垭口

② 金刚板

③ 木质花格

④ 黑白根大理石波打线

⑤ 水曲柳饰面板

⑥ 仿古砖

❶ 白枫木饰面板拓缝

❷ 金刚板

❸ 印花壁纸

❹ 米黄色玻化砖

❺ 白色亚光玻化砖

❻ 有色乳胶漆

❶ 白色乳胶漆

❷ 雕花银镜

❸ 肌理壁纸

❹ 有色乳胶漆

❺ 车边银镜

❻ 马赛克

❶ 木石膏板

❷ 车边银镜

❸ 木质花格贴银镜

❹ 米黄色亚光玻化砖

❺ 白枫木百叶

❻ 金刚板

　　玄关左侧墙面按照设计图中造型，找平后，弹线放样，用大理石粘贴剂将马赛克固定在墙面上，用木质收边条收边后刷金色油漆，最后安装定制好的精品柜；地面找平后用湿贴的方式铺装玻化砖及大理石波打线。

❶ 马赛克拼花

❷ 泰柚木饰面板

❸ 木质花格

❹ 金刚板

❺ 雕花烤漆玻璃

❻ 条纹壁纸

　　整个走廊墙面用水泥砂浆找平，满刮三遍腻子，用砂纸打磨光滑，刷一层基膜，用环保白乳胶配合专业壁纸粉将壁纸固定在墙面上；地面找平后，铺装金刚板，最后用气钉将木质踢脚线固定。

① 印花壁纸

② 车边银镜

③ 有色乳胶漆

④ 白枫木装饰线

⑤ 黑色烤漆玻璃

⑥ 条纹壁纸

1 茶色镜面玻璃

2 马赛克拼花

3 白色人造大理石

4 有色乳胶漆

5 金刚板

6 镜面马赛克拼花

❶ 木质花格

❷ 木质踢脚线

❸ 金刚板

❹ 深啡网纹大理石装饰线

❺ 马赛克拼花

❻ 车边银镜

1 木质花格贴黑镜

2 深啡网纹大理石波打线

3 木质花格

4 米黄色玻化砖

5 深啡网纹大理石波打线

6 石膏板拓缝

❶ 木质花格贴银镜

❷ 木质踢脚线

❸ 米色亚光玻化砖

❹ 金刚板

❺ 桦木饰面板

❻ 雕花银镜

15

走廊墙面用水泥砂浆找平后,弹线放样,按照设计图纸,将饰面板固定在墙面上,刷清漆;剩余墙面满刮三遍腻子,用砂纸打磨光滑,刷一层基膜,用环保白乳胶配合专业壁纸粉粘贴壁纸,最后安装装饰壁画。

❶ 车边银镜
❷ 红樱桃木饰面板
❸ 密度板拓缝
❹ 浅啡网纹大理石波打线
❺ 印花壁纸
❻ 黑白根大理石波打线

16

走廊墙面用找平后,满刮三遍腻子,用砂纸打磨光滑,刷一层基膜,用环保白乳胶配合专业壁纸粉将壁纸固定在墙面上;地面找平后用湿贴的方式铺装玻化砖及大理石波打线,最后安装踢脚线。

① 热熔玻璃
② 白枫木装饰立柱
③ 白色玻化砖
④ 有色乳胶漆
⑤ 印花壁纸
⑥ 白枫木装饰线

① 泰柚木装饰线

② 米黄色玻化砖

③ 黑白根大理石

④ 有色乳胶漆

⑤ 雕花茶镜

⑥ 中花白大理石

❶ 印花壁纸

❷ 马赛克

❸ 黑胡桃木饰面板

❹ 金刚板

❺ 木质花格

❻ 石膏板拓缝

① 印花壁纸

② 木质花格

③ 白色乳胶漆

④ 米色玻化砖

⑤ 有色乳胶漆

⑥ 白色人造石踢脚线

❶ 白枫木百叶

❷ 马赛克

❸ 木质花格

❹ 深啡网纹大理石波打线

❺ 车边银镜

❻ 浅啡网纹大理石

17

　　走廊墙面用水泥砂浆找平,满刮三遍腻子,用砂纸打磨光滑,按照设计图纸,安装定制好的精品柜;剩余墙面依次刷底漆一遍、面漆两遍;地面找平后,用湿贴的方式将玻化砖粘贴在地面上。

① 有色乳胶漆

② 白色玻化砖

③ 茶色镜面玻璃

④ 雕花银镜

⑤ 皮纹砖

⑥ 石膏板拓缝

18

　　走廊中景墙用水泥砂浆找平后,用大理石胶将皮纹砖固定在墙面上,然后用专业的勾缝剂填缝,最后安装装饰壁画;地面部分找平后用湿贴的方式将玻化砖粘贴固定即可。

1 大理石饰面罗马柱

2 深啡网纹大理石波打线

3 中花白大理石

4 仿古砖

5 车边茶镜

6 马赛克拼花

① 有色乳胶漆

② 仿古砖

③ 米色玻化砖

④ 马赛克拼花

⑤ 条纹壁纸

⑥ 装饰银镜

❶ 马赛克

❷ 密度板拓缝

❸ 印花壁纸

❹ 金刚板

❺ 肌理壁纸

❻ 木质踢脚线

① 印花壁纸

② 木质踢脚线

③ 金刚板

④ 印花壁纸

⑤ 木纹大理石

⑥ 浅啡网纹大理石

❶ 印花壁纸

❷ 白色亚光玻化砖

❸ 车边银镜

❹ 手绘墙

❺ 印花壁纸

❻ 肌理壁纸

19

走廊中景墙面找平后，按照设计图中造型，弹线放样，确定精品柜的位置，精品柜下方用木工板做出凹凸的灯带造型，四周满刮三遍腻子，用砂纸打磨光滑，用大理石胶将马赛克固定在墙面上。

❶ 马赛克

❷ 肌理壁纸

❸ 木质踢脚线

❹ 米黄网纹大理石波打线

❺ 印花壁纸

❻ 白枫木饰面板

20

走廊两侧墙面用水泥砂浆找平后，弹线放样，确定腰线的位置，用气钉将饰面板固定在墙面上，刷清漆；剩余墙面满刮三遍腻子，用砂纸打磨光滑，刷一层基膜，用环保白乳胶配合专业壁纸粉粘贴壁纸；地面找平后按照设计图纸铺贴玻化砖与大理石波打线。

❶ 仿古砖

❷ 条纹壁纸

❸ 红樱桃木饰面板垭口

❹ 金刚板

❺ 装饰灰镜

❻ 白色人造石踢脚线

① 车边银镜
② 深啡网纹大理石波打线
③ 马赛克
④ 黑胡桃木饰面垭口
⑤ 深啡网纹大理石波打线
⑥ 木纹大理石

❶ 有色乳胶漆

❷ 木质踢脚线

❸ 红樱桃木饰面板

❹ 白色玻化砖

❺ 米黄大理石饰面垭口

❻ 仿古砖

1 黑镜装饰条

2 白枫木装饰条

3 有色乳胶漆

4 金刚板

5 木质装饰线密排

6 红樱桃木百叶

7 木质踢脚线

❶ 米色釉面墙砖

❷ 木质踢脚线

❸ 白枫木百叶

❹ 灰白色网纹玻化砖

❺ 直纹斑马木饰面板

❻ 米黄色玻化砖

21

玄关墙面用水泥砂浆找平，用木板打底并做出两侧灯带造型，装贴饰面板后刷金漆，两侧用大理石胶将米色大理石直接固定在墙面上；地面找平后，用湿贴的方式，按照设计图纸将玻化砖及木纹地砖铺装固定。

❶ 米色大理石
❷ 肌理壁纸
❸ 车边茶镜
❹ 木质踢脚线
❺ 黑色烤漆玻璃
❻ 泰柚木饰面板

22

走廊中景墙面用水泥砂浆找平后，按照设计图纸，用木工板打底，做出凹凸造型，用环氧树脂胶将烤漆玻璃固定在底板上；剩余墙面满刮三遍腻子，用砂纸打磨光滑，刷一层基膜，用环保白乳胶配合专业壁纸粉将壁纸固定在墙面上。地面找平后用湿贴的方式拼贴玻化砖及大理石波打线。

1 肌理壁纸

2 白色玻化砖

3 条纹壁纸

4 木质花格

5 金刚板

6 印花壁纸

① 清玻璃

② 浅啡网纹大理石波打线

③ 木质花格

④ 印花壁纸

⑤ 白枫木格栅吊顶

⑥ 深啡网纹大理石踢脚线

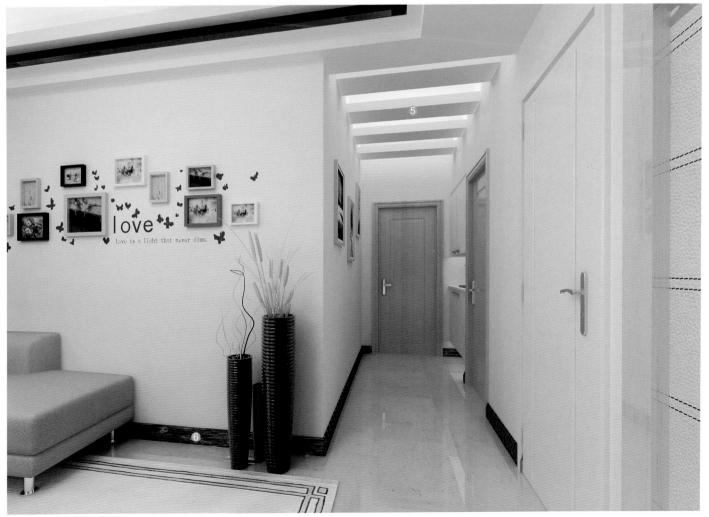

1 木质花格

2 木纹壁纸

3 有色乳胶漆

4 爵士白大理石

5 木质踢脚线

6 仿古砖

① 印花壁纸

② 木质花格贴黑镜

③ 泰柚木饰面板

④ 白枫木饰面板

⑤ 仿古砖

⑥ 黑白根大理石波打线

1 木纹壁纸

2 木质踢脚线

3 印花壁纸

4 米色玻化砖

5 水晶珠帘隔断

6 车边灰镜

23

按照设计图纸,墙面找平后用干挂的方式将大理石固定在墙面上,再用大理石胶将装饰线及装饰浮雕固定,最后安装定制好的木质花格及精品柜;地面找平后用湿贴的方式铺装玻化砖及大理石波打线,最后用气钉将踢脚线固定在墙面上。

❶ 木质花格

❷ 深啡网纹大理石波打线

❸ 肌理壁纸

❹ 黑白根大理石波打线

❺ 黑镜装饰条

❻ 金刚板

24

中景墙面用水泥砂浆找平后,用大理石胶将马赛克固定在墙面上,然后安装装饰镜面及装饰壁画;顶棚找平后,用木工板做出凹凸造型,用环氧树脂胶粘贴黑镜条,剩余顶面满刮三遍腻子,用砂纸打磨光滑,依次上底漆、面漆;地面找平后直接铺装金刚板,最后用气钉及胶水将踢脚线固定。

❶ 白枫木百叶

❷ 马赛克波打线

❸ 仿古砖

❹ 红砖

❺ 有色乳胶漆

❻ 白色乳胶漆

❼ 黑白根大理石踢脚线

❶ 装饰银镜

❷ 木质踢脚线

❸ 车边茶镜

❹ 黑白根大理石波打线

❺ 黑镜装饰线

❻ 车边银镜

① 印花壁纸

② 红樱桃木格栅

③ 白色玻化砖

④ 大理石饰面罗马柱

⑤ 磨砂玻璃

⑥ 深啡网纹大理石波打线

隔 断
GE DUAN

❶ 木质花格
❷ 金刚板
❸ 水晶珠帘隔断
❹ 磨砂玻璃
❺ 条纹壁纸

❶ 车边银镜
❷ 镜面马赛克
❸ 白色乳胶漆
❹ 装饰银镜
❺ 银镜装饰条
❻ 白枫木装饰立柱

25

按照设计图中造型,弹线打孔,确定木质隔断的位置,用木工板做出隔断框架,再用射钉及胶水将木质花格固定在框架上,最后刷油漆;地面找平后,用湿贴的方式固定玻化砖及大理石波打线。

❶ 木质花格
❷ 黑白根大理石波打线
❸ 白枫木饰面板拓缝
❹ 米色玻化砖
❺ 雕花茶镜

26

按照设计图纸,沿顶面、墙面、地面弹线放样,确定隔断位置,再将定制好的木质隔断固定;墙面找平后,采用干挂的方式将米黄大理石固定在墙面上,剩余墙面装贴饰面板后,刷油漆;地面找平后采用湿贴的方式将玻化砖及艺术地砖拼贴。

❶ 有色乳胶漆

❷ 黑金花网纹玻化砖

❸ 黑胡桃木格栅

❹ 肌理壁纸

❺ 米黄色亚光玻化砖

❻ 木质花格

① 直纹斑马木饰面板

② 装饰灰镜

③ 有色乳胶漆

④ 金刚板

⑤ 木质花格

⑥ 混纺地毯

❶ 水晶珠帘隔断

❷ 印花壁纸

❸ 黑白根大理石波打线

❹ 金刚板

❺ 装饰灰镜

● 米黄洞石
● 米黄色玻化砖
● 木质花格
● 白色乳胶漆
● 红樱桃木窗棂造型隔断
● 白松木饰面板吊顶

❶ 装饰银镜
❷ 混纺地毯
❸ 条纹壁纸
❹ 热熔玻璃
❺ 磨砂玻璃
❻ 装饰灰镜

27

按照设计图纸,沿顶面、墙面、地面弹线放样,确定隔断位置,用圆钉将隔断与顶面龙骨固定,然后安装松木板吊顶;墙面找平后用湿贴的方式固定文化石。

❶ 松木板吊顶
❷ 文化石
❸ 木质花格
❹ 仿古砖
❺ 木纹玻化砖

28

顶棚找平后,用木工板做出凹凸造型,沿顶面、墙面弹线放样,用圆钉将木质隔断固定在顶面底板上,刷油漆;地面找平后用湿贴的方式将木纹玻化砖铺装在地面上。

❶ 条纹壁纸

❷ 黑色烤漆玻璃

❸ 木质花格

❹ 金刚板

❺ 白色乳胶漆

❻ 米黄色玻化砖

① 木质花格

② 有色乳胶漆

③ 雕花银镜

④ 仿古砖

⑤ 木质搁板

⑥ 仿洞石玻化砖

❶ 灰镜装饰条

❷ 木质花格贴黑镜

❸ 车边银镜

❹ 石膏板拓缝

❺ 有色乳胶漆

❻ 米色亚光玻化砖

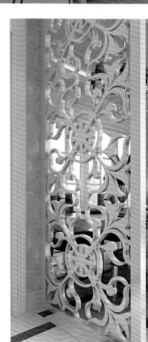

❶ 白枫木百叶

❷ 米色玻化砖

❸ 印花壁纸

❹ 木质花格

❺ 密度板拓缝

❻ 混纺地毯

❶ 磨砂玻璃

❷ 有色乳胶漆

❸ 羊毛地毯

❹ 混纺地毯

❺ 铂金壁纸

❻ 木质花格

29

　　按照设计图中造型, 弹线放样后, 确定隔断位置, 用木工板做出隔断框架, 用射钉及胶水将木质花格固定在框架中, 两侧用同样的安装方法将钢化玻璃隔板固定, 最后装贴饰面板, 刷油漆; 墙面找平后, 满刮腻子, 用砂纸打磨光滑, 刷一层基膜, 用环保白乳胶配合专业壁纸粉将壁纸固定在墙面上。

❶ 印花壁纸
❷ 肌理壁纸
❸ 米色玻化砖
❹ 木质花格
❺ 有色乳胶漆
❻ 黑白根大理石波打线

30

　　左侧墙面用水泥砂浆找平后, 满刮三遍腻子, 用砂纸打磨光滑, 刷底漆一遍、面漆两遍; 地面找平后用湿贴的方式铺装仿古砖及大理石波打线; 最后沿顶面、墙面、地面弹线放样, 确定隔断位置, 用木工板做出隔断框架, 再用射钉、胶水将木质花格固定在框架上。

❶ 条纹壁纸

❷ 红樱桃木窗棂造型

❸ 皮纹砖

❹ 金刚板

❺ 中花白大理石

❻ 木质花格

❶ 车边茶镜

❷ 金刚板

❸ 木质花格

❹ 白色玻化砖

❺ 红樱桃木装饰条

❻ 木纹大理石

❶ 条纹壁纸

❷ 木质花格

❸ 泰柚木饰面板

❹ 米色玻化砖

❺ 黑色烤漆玻璃

❻ 中花白大理石

❶ 木质花格
❷ 有色乳胶漆
❸ 白枫木百叶
❹ 装饰灰镜
❺ 直纹斑马木饰面板
❻ 米色亚光玻化砖

❶ 车边银镜

❷ 木质踢脚线

❸ 木质花格

❹ 金刚板

❺ 仿古砖

❻ 白色乳胶漆

31

　　按照设计图中造型,弹线打孔,确定木质隔断的位置,用木工板做出隔断框架,再用射钉及胶水将木质花格固定在框架上,最后刷油漆;地面找平后,用湿贴的方式铺贴仿古砖。

❶ 有色乳胶漆

❷ 木质花格

❸ 雕花黑镜

❹ 米色玻化砖

❺ 石膏板浮雕吊顶

❻ 仿洞石玻化砖

32

　　顶棚找平后,用木工板做出凹凸造型,再将石膏板浮雕粘贴在顶面上,剩余顶面满刮三遍腻子,用砂纸打磨光滑,依次刷底漆、面漆;按照设计图弹线放样,确定隔断位置,将定制好的木质窗棂隔断固定;地面找平后用湿贴的方式铺装玻化砖。

❶ 热熔艺术玻璃

❷ 金刚板

❸ 白枫木百叶

❹ 木质搁板

❺ 石膏板浮雕吊顶

❻ 印花壁纸

① 米色抛光墙砖

② 木质花格

③ 黑镜装饰条

④ 印花壁纸

⑤ 深啡网纹大理石波打线

⑥ 装饰银镜

❶ 有色乳胶漆
❷ 米黄色玻化砖
❸ 胡桃木百叶
❹ 米色玻化砖
❺ 泰柚木饰面板
❻ 黑白根大理石

❶ 桦木装饰立柱

❷ 银镜装饰线

❸ 木质花格

❹ 有色乳胶漆

❺ 水晶珠帘隔断

❻ 浅啡网纹大理石波打线

❶ 雕花清玻璃

❷ 肌理壁纸

❸ 金刚板

❹ 钢化玻璃搁板

❺ 印花壁纸

❻ 米色玻化砖

33

　　沙发背景墙面用水泥砂浆找平后，用木工板打底，用环氧树脂胶将银镜固定在底板上，再用蚊钉将装饰硬包固定；最后按照设计图中的位置，弹线放样，安装木质花格隔断。

❶ 装饰灰镜

❷ 皮面装饰硬包

❸ 雕花银镜

❹ 米色玻化砖

❺ 木质花格

❻ 羊毛地毯

34

　　顶面与墙面找平后，弹线放样，用木工板做出弧形垭口造型，装贴饰面板后，刷油漆，然后按照设计图中的位置，将木质花格隔断固定；地面找平后直接铺装金刚板。

❶ 胡桃木装饰线

❷ 木质花格

❸ 胡桃木装饰立柱

❹ 冰裂纹玻璃

❺ 混纺地毯

❻ 车边茶镜

❶ 装饰灰镜

❷ 白松木饰面板吊顶

❸ 米色抛光墙砖

❹ 深啡网纹大理石垭口

❺ 木质花格

❻ 米黄色玻化砖

❶ 金刚板

❷ 木质花格

❸ 水晶珠帘隔断

❹ 白色玻化砖

❺ 雕花烤漆玻璃

❻ 条纹壁纸

❶ 银镜吊顶

❷ 木质花格

❸ 黑白根大理石踢脚线

❹ 黑白根大理石波打线

❺ 仿古砖

❻ 白枫木窗棂造型

❼ 金刚板

❶ 混纺地毯

❷ 成品铁艺隔断

❸ 米色玻化砖

❹ 印花壁纸

❺ 白枫木装饰线

❻ 仿古砖

35

顶棚找平后,用木工板打底并做出凹凸造型,用环氧树脂胶将装饰银镜粘贴在底板上,剩余顶面满刮三遍腻子,用砂纸打磨光滑,依次上底漆、面漆;按照设计图中隔断的位置,用圆钉及胶水将木质装饰条固定,刷油漆;墙面找平后,弹线放样,确定层板位置,剩余墙面满刮腻子,刷底漆、面漆,最后安装地踢脚线。

❶ 白枫木装饰线密排
❷ 金刚板
❸ 布艺软包
❹ 羊毛地毯
❺ 印花壁纸
❻ 成品铁艺隔断

36

电视背景墙面找平后用木工板做出设计图中造型,墙面满刮三遍腻子,用砂纸打磨光滑,刷底漆、面漆;用玻璃胶将灰镜装饰条固定在清洁干净的底板上;剩余部分刷一层基膜,用环保白乳胶配合专业壁纸粉将壁纸固定在墙面上,用木质收边线条收边;玄关部分弹线放样后,安装定制好的成品铁艺隔断及精品柜。

❶ 黑色烤漆玻璃

❷ 成品铁艺隔断

❸ 白枫木格栅

❹ 红樱桃木饰面板

❺ 白枫木饰面板

❻ 木质花格

❶ 成品铁艺隔断
❷ 黑色烤漆玻璃
❸ 木质踢脚线
❹ 羊毛地毯
❺ 胡桃木装饰线
❻ 混纺地毯

❶ 车边银镜
❷ 木质踢脚线
❸ 胡桃木装饰立柱
❹ 磨砂玻璃
❺ 皮面装饰硬包
❻ 印花壁纸

❶ 木质创意搁板
❷ 红樱桃木窗棂造型
❸ 胡桃木饰面哑口
❹ 金刚板
❺ 直纹斑马木饰面板
❻ 混纺地毯

❶ 木质花格

❷ 白色乳胶漆

❸ 米色玻化砖

❹ 彩绘玻璃

❺ 仿古砖

❻ 米色网纹玻化砖

37

沙发背景墙用水泥砂浆找平后,满刮三遍腻子,用砂纸打磨光滑,刷底漆一遍、面漆两遍;用木工板做出木质隔断的框架,再用射钉及胶水将木质花格固定在框架中,最后刷两遍油漆。

❶ 有色乳胶漆
❷ 木质花格
❸ 印花壁纸
❹ 银镜装饰条
❺ 米黄色玻化砖

38

按照设计图纸用木工板在电视背景墙面上做出立体造型,整个墙面满刮三遍腻子,用砂纸打磨光滑,刷一层基膜,用环保白乳胶配合专业壁纸粉将壁纸固定在墙面上,最后安装定制好的精品柜及隔断。

❶ 手绘墙

❷ 木质踢脚线

❸ 白色乳胶漆

❹ 白枫木饰面板

❺ 木质花格

❻ 印花壁纸

❶ 热熔玻璃

❷ 金刚板

❸ 装饰珠帘隔断

❹ 米色网纹大理石

❺ 深啡网纹大理石波打线

❻ 米黄色玻化砖

❶ 银镜吊顶
❷ 木质花格
❸ 金刚板
❹ 白枫木格栅
❺ 浅啡网纹大理石
❻ 马赛克

1 木质花格

2 钢化玻璃

3 米黄色亚光玻化砖

4 印花壁纸

5 黑镜装饰条

6 米色玻化砖

❶ 车边银镜吊顶

❷ 米色玻化砖

❸ 羊毛地毯

❹ 有色乳胶漆

❺ 木质花格

❻ 肌理壁纸

❼ 红松木饰面板吊顶

39

沙发背景墙面用水泥砂浆找平，满刮三遍腻子，用砂纸打磨光滑，刷底漆一遍、面漆两遍；沿顶面、墙面、地面弹线放样，确定隔断位置，用圆钉及胶水将木质花格隔断固定在顶面的龙骨上，最后刷油漆。

❶ 木质花格

❷ 米色玻化砖

❸ 黑胡桃木饰面隔断

❹ 金刚板

❺ 手绘墙

40

沙发背景墙用水泥砂浆找平，满刮三遍腻子，用砂纸打磨光滑，刷底漆、面漆，用蚊钉及胶水将立体艺术墙贴固定在墙面上，然后安装定制好的隔断与玄关柜；电视背景墙做同样的准备工作后，用丙烯颜料将图案手绘到墙面上；地面找平后用湿贴的方式铺装仿古砖。

❶ 红樱桃木装饰立柱

❷ 印花壁纸

❸ 车边银镜

❹ 有色乳胶漆

❺ 密度板拓缝

❻ 混纺地毯

❶ 木质花格
❷ 米色亚光玻化砖
❸ 白枫木饰面板拓缝
❹ 金刚板
❺ 米色玻化砖
❻ 银镜装饰线

❶ 直纹斑马木饰面板

❷ 深啡网纹大理石波打线

❸ 灰白色网纹玻化砖

❹ 条纹壁纸

❺ 白枫木百叶

❻ 车边茶镜

❶ 浅咖啡色网纹玻化砖

❷ 米黄网纹大理石

❸ 白枫木格栅隔断

❹ 车边黑镜

❺ 木质花格

❻ 有色乳胶漆

❶ 白枫木装饰立柱

❷ 印花壁纸

❸ 红樱桃木装饰立柱

❹ 彩绘玻璃

❺ 红樱桃木饰面板

❻ 米黄色玻化砖